Living Room

客厅

全维度解析 第2季

2000例

分享大量精美客厅的空间设计表现

全面展示家居空间设计之美

全维度激发设计灵感

客厅全维度解析2000例第2季编写组 编

客厅沙发墙

客厅作为家居生活的公共区域，使用十分频繁，是全家人聚集及接待宾客的综合性空间。作为整间屋子的生活中心，客厅体现了主人的个性与品位。从主人的生活习性及喜好出发来考虑客厅装修，能很好地表达主人的生活情趣与审美。因此，客厅往往被列为装修的重中之重。本书是客厅全维度解析2000例第2季分册之一。本系列图书汇集国内一线设计机构主力设计师的全新设计案例，引领当下家庭装修潮流，不但贴合现代人的生活习性，更展现了多样的审美风格，具有很好的借鉴价值。另外，书中不但对案例里的特色材料进行了标注，使读者更易读懂图片内容，还加入了材料选购及装修知识的贴士，言简意赅，力求使读者看得懂、用得上。

图书在版编目（CIP）数据

客厅全维度解析2000例．第2季．客厅沙发墙 / 客厅全维度解析2000例第2季编写组编．— 2版．— 北京：机械工业出版社，2016.12

ISBN 978-7-111-55784-5

Ⅰ．①客… Ⅱ．①客… Ⅲ．①住宅－客厅－装饰墙－室内装饰设计－图集 Ⅳ．①TU241.041-64

中国版本图书馆CIP数据核字(2016)第313777号

机械工业出版社（北京市百万庄大街22号 邮政编码 100037）

策划编辑：宋晓磊　　责任编辑：宋晓磊

责任印制：李　洋　　责任校对：白秀君

北京新华印刷有限公司印刷

2017年1月第2版第1次印刷

210mm×285mm · 6印张 · 190千字

标准书号：ISBN 978-7-111-55784-5

定价：29.80元

凡购本书，如有缺页、倒页、脱页，由本社发行部调换

电话服务　　网络服务

服务咨询热线：010-88361066　　机工官网：www.cmpbook.com

读者购书热线：010-68326294　　机工官博：weibo.com/cmp1952

010-88379203　　金书网：www.golden-book.com

封面无防伪标均为盗版　　教育服务网：www.cmpedu.com

目录 Contents

设计沙发墙应注意哪些事项

设计沙发墙，要着眼于整体。沙发墙对整个室内的装饰及家具起着衬托作用，装饰不能过多、过滥，应以简洁为好，色调要明亮一些。灯光布置多以局部照明来处理，并与该区域的顶面灯光协调考虑，灯壳尤其是灯泡应尽量隐蔽，灯光照度要求不高，且光线应避免直射人的脸部。背阴客厅的沙发墙忌用沉闷的色调，宜选用浅米黄色柔丝光面砖，可选用浅蓝色调试一下，在不破坏氛围的情况下，能突破暖色的沉闷，较好地起到调节光线的作用。

茶色烤漆玻璃

车边黑镜

白枫木装饰线

有色乳胶漆

印花壁纸

米黄色大理石

有色乳胶漆

印花壁纸

有色乳胶漆

强化复合木地板

仿皮纹壁纸

石膏顶角线　印花壁纸

仿古砖　有色乳胶漆

白枫木装饰线

肌理壁纸

有色乳胶漆

茶镜装饰线

白色乳胶漆

车边灰镜

铁锈黄网纹大理石

白枫木装饰线

白色玻化砖

肌理壁纸

黑色烤漆玻璃

有色乳胶漆

白枫木装饰线

印花壁纸

装饰壁布

印花壁纸

石膏板顶角线

肌理壁纸

白色板岩砖

泰柚木饰面板

小户型沙发墙如何设计

小户型沙发墙不宜设计得过于复杂，可运用浅色系，如淡雅的浅粉色，既让沙发墙不显得过于单调，又让客厅充满柔美姿态。还可以运用大幅风景画装饰沙发墙，不仅可以扩展人的视野，而且可使客厅显得更加开阔，让人心情开朗。相比照片墙，这样的装饰画更加大方、典雅。另外，用镜子来装饰沙发墙是近年来小户型最流行的装饰方法之一，镜子本身也是一种装饰，而镜子里的镜像会让人产生空间的错觉感，让小户型客厅变得开阔起来。不过，单用镜子装饰沙发墙会显得过于单一，如果再配以淡雅的壁纸则可以让墙面变得丰富起来。

白色乳胶漆

石膏板拓缝

有色乳胶漆

有色乳胶漆

有色乳胶漆

木质踢脚线

印花壁纸

条纹壁纸

印花壁纸

水曲柳饰面板

印花壁纸

混纺地毯

装饰银镜

泰柚木饰面板

黑色烤漆玻璃

仿古墙砖

白枫木饰面板

印花壁纸

条纹壁纸

胡桃木饰面板

白枫木装饰线

有色乳胶漆

红樱桃木饰面板

皮革软包

印花壁纸　密度板雕花隔断

白枫木装饰线　印花壁纸

黑色烤漆玻璃

仿古砖

木质搁板

雕花灰镜

白枫木饰面板

有色乳胶漆

有色乳胶漆

布艺装饰硬包

沙发墙软包施工应注意什么

1. 切割填塞料泡沫塑料时，为避免泡沫塑料边缘出现锯齿形，可用较大的铲刀及锋利的刀沿泡沫塑料边缘切下，以保证整齐。

2. 在黏结填塞料泡沫塑料时，避免用含腐蚀成分的黏结剂，以免腐蚀泡沫塑料，造成泡沫塑料厚度减少、底部发硬，甚至软包不饱满。

3. 面料裁割及黏结时，应注意花纹走向，避免花纹错乱影响美观。

4. 软包制作好后用黏结剂或直钉将软包固定在墙面上，水平度和垂直度要达到规范要求，阴阳角应进行对角处理。

陶瓷锦砖

布艺软包

红樱桃木饰面板

不锈钢条

木纹大理石

雕花黑镜

条纹壁纸

木质踢脚线

布艺软包

有色乳胶漆

石膏板拓缝

有色乳胶漆

装饰壁布

有色乳胶漆

木质踢脚线

皮革装饰硬包

桦木饰面板

有色乳胶漆

有色乳胶漆

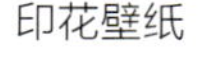

印花壁纸

条纹壁纸

泰柚木饰面板

仿古砖

印花壁纸

石膏板拓缝

仿木纹壁纸

雕花银镜

白色乳胶漆

印花壁纸

有色乳胶漆

印花壁纸 有色乳胶漆

密度板雕花隔断 有色乳胶漆

条纹壁纸

泰柚木饰面板

沙发墙软包如何清洗

1. 用强力吸尘器全面吸尘。

2. 使用稀释清洁剂擦拭，也可注入喷雾器均匀喷于软包表面。

3. 在软包上全面喷洒清洁剂，个别角落或清洗机不能触及的地方，用手刷仔细刷洗。

4. 待 10 ~ 15 分钟后，污渍脱离纤维。

5. 在清洗软包的同时，用吸水机吸干已清洗的软包。

6. 让软包完全干透，为加快软包干透，可使用软包吹干机。

7. 检查是否刷洗干净，有污渍处可再次刷洗。

8. 将清洁现场清理干净。

装饰银镜

布艺软包

车边银镜

米色大理石

布艺软包

黑镜吊顶

条纹壁纸

白枫木装饰线

红樱桃木装饰线

印花壁纸

混纺地毯

木质踢脚线

印花壁纸

艺术地毯

白色乳胶漆

银镜装饰线

印花壁纸

木质搁板

混纺地毯

有色乳胶漆

白枫木装饰线

红樱桃木饰面板

白枫木装饰线

印花壁纸

有色乳胶漆

印花壁纸

爵士白大理石

车边银镜

装饰银镜

布艺装饰硬包

艺术地毯

黑胡桃木饰面板

车边银镜

印花壁纸

印花壁纸

白枫木窗棂造型

使用水泥板装饰沙发墙时应注意什么

若要用水泥板装饰沙发墙，施工前需先在墙体上打一层底板，以强化墙面的安定度及平整度，再将水泥板用钉枪及益胶泥固定在底板上。底板可选木夹板、木芯板等。需要注意的是，水泥板表面一定要再涂一层透明漆。因为水泥板表面有很多毛细孔，容易玷污、吃色，涂装透明漆可保护表层。使用性能不佳或是木头专用的透明漆，会有变黄、变灰或出现斑点等问题。所以在选购透明漆时，应确认使用说明书中有标示“抗紫外线、耐变黄、耐水性、耐候性佳”等功效，才能让水泥板常久如新。

不锈钢条

混纺地毯

米白色亚光墙砖

艺术墙砖

文化砖

泰柚木饰面板

强化复合木地板

白枫木饰面板

条纹壁纸

车边银镜

米色网纹大理石

有色乳胶漆

印花壁纸

有色乳胶漆

米色大理石

混纺地毯

条纹壁纸

米白色玻化砖

有色乳胶漆

白枫木装饰线

印花壁纸

仿古砖

白枫木饰面板

陶瓷锦砖

艺术地毯

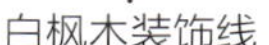

白枫木装饰线

混纺地毯

有色乳胶漆

条纹壁纸

胡桃木装饰线

白枫木装饰线

印花壁纸

白色乳胶漆

布艺装饰硬包

肌理壁纸

石膏板拓缝

沙发墙使用镜面玻璃的注意事项

安装镜面玻璃以一面墙为宜，不要两面墙都装，避免造成反射。镜面玻璃的安装应按照工序，在背面及侧面做好封闭，以免酸性的玻璃胶腐蚀镜面玻璃背面，造成镜子斑驳。平时应避免阳光直接照射镜面玻璃，也不要用湿手去摸镜面玻璃，以免潮气侵入，使镜面的光层变质发黑。还要注意不要让镜面玻璃接触盐、油脂和酸性物质，因为这些物质容易腐蚀镜面。

装饰灰镜

白枫木饰面板

白枫木装饰线

密度板树干造型贴灰镜

印花壁纸

白枫木饰面板

羊毛地毯

有色乳胶漆

肌理壁纸

白枫木饰面板

深啡网纹大理石

仿古墙砖

布艺软包

红樱桃木饰面板

印花壁纸

羊毛地毯

米黄色洞石

有色乳胶漆

艺术浮雕壁纸

装饰银镜

白枫木饰面板

有色乳胶漆

密度板造型隔断

米色洞石　深啡网纹大理石装饰线

胡桃木装饰线　混纺地毯

布艺软包

车边银镜

印花壁纸

装饰灰镜

有色乳胶漆

石膏板拓缝

有色乳胶漆

羊毛地毯

沙发墙铺贴文化砖的施工要点

1. 先将墙面处理干净并做出粗糙的表面，若是塑料质、木质、纸质等具有吸水性的光滑面层，则需钉铺铁丝网，做出粗糙底面，充分养护后再铺贴，并标注水平线。

2. 贴文化砖之前务必先将文化砖在平地上排列，搭配出最佳效果后再按排列次序铺贴。

3. 宜采用具有高强度黏合力且弹性强的胶黏剂，如亚细亚胶黏剂等。

4. 将文化砖的粘接面和底面充分浸湿，先贴转角石，以转角石水平线为基准贴平面石，缝隙要相对均匀，充分按压，使文化砖周围可见黏结剂挤出。

5. 在文化砖底部中央涂抹黏结剂，堆成山状；如不慎大面积弄脏表面，则需及时用刷子清洗。

6. 填缝剂初凝后，应将多余的填缝料除去，并用蘸水的毛刷修理缝隙表面。

文化砖

米黄色玻化砖

红砖

胡桃木饰面板

成品铁艺隔断

白枫木饰面板

白枫木装饰线

肌理壁纸

印花壁纸

红樱桃木装饰线

肌理壁纸

黑胡桃木装饰线

红樱桃木装饰线

印花壁纸

布艺装饰硬包

有色乳胶漆

有色乳胶漆

银镜装饰线

石膏顶角线

印花壁纸

车边银镜

印花壁纸

装饰银镜

有色乳胶漆

木质装饰线描银

皮革软包

仿木纹壁纸

白色乳胶漆

石膏板饰面沙发墙施工应注意哪些问题

纸面石膏板内墙装饰的方法有两种，一种是直接贴在墙上的做法，另一种是在墙体上涂刷防潮剂，然后铺设龙骨（木龙骨或轻钢龙骨），将纸面石膏板镶钉或粘于龙骨上，最后进行板面修饰。在施工时应特别注意墙面上的不规则造型，要按照设计图纸进行绘制，弧度处理要自然。基层一般先用木质板做好造型，再在表面封上石膏板，石膏板之间应留出伸缩缝，在刷乳胶漆时要特别注意两种颜色的处理，应先刷好一种颜色，然后再刷另一种颜色，要特别注意成品的保护。在原墙面上处理好基层后刷绿色乳胶漆，然后再做一个石膏板造型墙。在施工时，不规则的造型要按设计图纸进行绘制，石膏板对接时要自然靠近，不能强压就位，板的对接缝要按 1/2 错开，墙两面的对缝不能落在同一根龙骨上，要采用双层板，第二层板的接缝不能与第一层板的接缝落在同一竖龙骨上。

白色乳胶漆

密度板雕花隔断

黑镜装饰线

石膏板拓缝

雕花银镜

仿古砖　　仿古壁纸

肌理壁纸

白色乳胶漆

白枫木装饰线

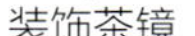
装饰茶镜

皮革软包

印花壁纸

白枫木饰面板

印花壁纸

仿古砖

木质踢脚线

印花壁纸

有色乳胶漆

泰柚木饰面板

印花壁纸

红樱桃木饰面板

红樱桃木饰面板

白枫木装饰线

印花壁纸 白枫木装饰线

桦木饰面板 艺术地毯

车边银镜

艺术地毯

印花壁纸

仿古砖

白色乳胶漆

强化复合木地板

车边灰镜　　直纹斑马木饰面板

白色乳胶漆

白色釉面墙砖

白枫木装饰线

密度板雕花混油

采用洞石装饰沙发墙如何突出装饰效果

洞石吸引人的地方除了其颜色和孔洞特征外，其纹理更具独特的装饰效果。在施工时，若对整面沙发墙进行追纹排版，使其整体颜色、花纹过渡自然，则会产生一种活动画的艺术装饰效果，这也是洞石独特迷人之处。因此，在洞石施工中保证装饰效果最基本的一点就是整面排版，若面积过大，可采用分段排版，但必须保证各段之间有很好的花纹颜色衔接。一个装饰面如果出现纹理混乱或颜色差异明显时，洞石的装饰效果会被大打折扣。

米白色洞石

白枫木雕花

白色乳胶漆

陶瓷锦砖拼花

雕花茶镜

羊毛地毯

白枫木装饰线

密度雕花隔断

肌理壁纸

仿古砖

装饰银镜

红樱桃木饰面板

装饰壁布

白枫木装饰线贴茶镜

布艺装饰硬包

白枫木百叶

密度板造型隔断

泰柚木饰面板

石膏顶角线

白色人造大理石

印花壁纸

中花白大理石

羊毛地毯

印花壁纸

陶瓷锦砖

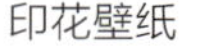

印花壁纸

米黄色大理石

有色乳胶漆

装饰壁布

陶瓷锦砖

深啡网纹大理石

印花壁纸

中花白大理石
金属壁纸

车边银镜
米色大理石

TIPS

沙发墙木板饰面应注意什么

木板饰面可做各种造型，具有各种天然的纹理，可给室内带来华丽的效果，一般是在 9mm 底板上贴 3mm 饰面板，再打上纹钉固定。需要引起注意的是：木板饰面就如中国画画法，一定要“留白”，把墙体用木板全部包起来的想法并不理智，除了增加工程预算开支外，对整体效果帮助不大。

饰面板进场后就应该涂一遍清漆作为保护层。木板饰面中，如果采用的是饰面板装饰，技术问题不大，但如果采用的是夹板装饰，表面涂漆（混油）的话，可能就有防开裂的要求了。木饰面防开裂的做法是：接缝处要 45° 角处理，其接触处形成三角形槽面；在槽里填入原子灰腻子，并贴上补缝绷；表面用调色腻子批平，然后再进行其他的漆层处理。

黑胡桃木饰面板

银镜装饰线

白枫木饰面板

泰柚木饰面板

木质搁板

水曲柳饰面板

白色乳胶漆

印花壁纸

有色乳胶漆

艺术地毯

混纺地毯

雕花银镜

印花壁纸　米黄色网纹大理石

条纹壁纸

装饰银镜

仿古砖

条纹壁纸

印花壁纸

中花白大理石

有色乳胶漆

印花壁纸

红樱桃木装饰线

艺术地毯

石膏顶角线

肌理壁纸

条纹壁纸

红樱桃木饰面板

艺术地毯

白色乳胶漆

印花壁纸

白色乳胶漆

印花壁纸

雕花银镜

米色玻化砖

肌理壁纸

沙发墙不锈钢线条的安装方法

沙发墙不锈钢线条的安装可采用表面无钉条的收口方法。其步骤是：先用圆钉在收口位置上固定一根木衬条，木衬条的宽、厚应略小于不锈钢线条的内径尺寸，再在木衬条上和不锈钢线条槽内涂环氧树脂胶（万能胶），再将该线条卡装在木衬条上。如果不锈钢线条有造型，木衬条也要相应地做出造型。

不锈钢线条槽表面一般都贴有一层塑料胶带保护层，该塑料胶带应在饰面施工完毕后再撕下来。如线条槽表面没有塑料胶带保护层，在施工前需贴上一层，以免在施工中损坏线条表面。

不锈钢条

黑色烤漆玻璃

羊毛地毯

印花壁纸

水曲柳饰面板

条纹壁纸

有色乳胶漆

白枫木装饰线

皮革装饰硬包

有色乳胶漆

白枫木装饰线

艺术地毯

皮革软包

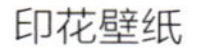

印花壁纸

木纹大理石

艺术地毯

印花壁纸

有色乳胶漆

条纹壁纸

红樱桃木饰面板

车边茶镜

黑色烤漆玻璃

布艺软包

有色乳胶漆

条纹壁纸

红樱桃木饰面板

红樱桃木饰面板

白枫木装饰线

白枫木装饰线

有色乳胶漆

皮革软包

艺术地毯

白枫木百叶

混纺地毯

车边银镜

印花壁纸

纸连接和网连接的陶瓷锦砖施工方法

在沙发墙上装饰陶瓷锦砖时，最后的铺装效果和施工的水平有很大关系，好的效果应该间隙均匀、横平竖直、勾缝干净、表面平整。不同连接方式的陶瓷锦砖，其铺贴方法是不一样的。

网连接的陶瓷锦砖：由于网是贴在陶瓷锦砖的背面，所以在刷水泥、加胶、贴陶瓷锦砖、勾填缝剂后，网最后还是连接在陶瓷锦砖上的。

纸连接的陶瓷锦砖：由于纸贴在陶瓷锦砖的正面，所以施工步骤是先刷水泥，然后在纸的背面加填缝剂、加胶、贴陶瓷锦砖、去掉纸后，再刷填缝剂，擦干净砖表面，即在施工中将纸去掉，露出陶瓷锦砖的正面。

陶瓷锦砖

镜面锦砖

白色乳胶漆

布艺装饰硬包

有色乳胶漆

白枫木装饰线

有色乳胶漆

米黄色玻化砖

印花壁纸

装饰银镜

白枫木装饰线

石膏顶角线

印花壁纸

印花壁纸

车边银镜

有色乳胶漆

米色玻化砖

印花壁纸

仿洞石玻化砖

红樱桃木饰面板

白枫木装饰线

泰柚木饰面板

白枫木装饰线

白枫木装饰线

肌理壁纸

米色网纹亚光玻化砖

印花壁纸

木质搁板

文化砖

白枫木装饰线

有色乳胶漆

泰柚木饰面板

印花壁纸

车边茶镜

雕花银镜

沙发墙壁纸施工的注意事项

壁纸的施工，最关键的技术是防霉和伸缩性的处理。

防霉的处理：壁纸张贴前，需要先把基层处理好，可以用双飞粉加熟胶粉进行批烫整平。待其干透后，再刷一两遍清漆，然后再粘贴壁纸。

伸缩性的处理：壁纸的伸缩性是一个老大难问题，要想解决就得从预防着手，一定要预留 0.5mm 重叠层，有一些人片面追求美观而把这个重叠层取消，这是不妥的。此外，应尽量选购一些伸缩性较好的壁纸。

中花白大理石

白枫木装饰线

雕花茶镜

印花壁纸

条纹壁纸

印花壁纸

仿古砖　肌理壁纸

有色乳胶漆　车边黑镜

装饰灰镜

泰柚木饰面板

木纹大理石

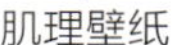

肌理壁纸

白枫木百叶

印花壁纸

木质踢脚线

有色乳胶漆

装饰银镜　　肌理壁纸

混纺地毯

有色乳胶漆

石膏板浮雕吊顶

艺术地毯

车边银镜

红樱桃木饰面板

石膏装饰浮雕

印花壁纸

有色乳胶漆

米白色玻化砖

密度板雕花隔断

陶瓷锦砖

雕花银镜

爵士白大理石

肌理壁纸

沙发墙壁纸铺贴的质量要求有哪些

1. 壁纸粘贴牢固，表面色泽一致，不得有气泡、空鼓、裂缝、翘边、皱折和斑污，表面无胶痕。

2. 表面平整，无波纹起伏，壁纸与挂镜线、饰面板和踢脚线紧接，不得有缝隙。

3. 各幅拼接要横平竖直，拼接处花纹、图案吻合，不离缝、不搭接，距墙面 1.5m 处正视，无明显拼缝。

4. 阴阳转角垂直，棱角分明，阴角处搭接顺平，阳角处无接缝，壁纸边缘平直整齐，不得有毛边、飞刺，不得有漏贴和脱层等缺陷。

印花壁纸

肌理壁纸

米白色玻化砖

米色大理石

肌理壁纸

印花壁纸

密度板雕花隔断

白色乳胶漆

仿木纹壁纸

泰柚木饰面板

红樱桃木装饰线

印花壁纸

有色乳胶漆

羊毛地毯

陶瓷锦砖

爵士白大理石

白枫木装饰线

有色乳胶漆

泰柚木饰面板

仿古砖

车边银镜

皮革软包

灰白洞石

密度板造型

印花壁纸　艺术地毯

密度板雕花隔断　艺术地毯

肌理壁纸

白枫木装饰线

印花壁纸　　白枫木装饰线

皮革软包

印花壁纸

木质搁板

白枫木装饰线

沙发墙粉刷涂料前如何处理墙面

新房子的墙面一般只需要用粗砂纸打磨，不需要把原漆层铲除。新墙面一定要干燥，表面水分应低于10%，可以使用腻子将墙面批平。为了使漆膜牢固平滑，保色耐久，需使用水性或油性封墙底漆打底。

普通旧房子的墙面一般需要把原漆面铲除。其方法是用水先把表层喷湿，然后用腻子刀或者电刨机把其表层漆面铲除。

对于年久失修的旧墙面，表面已经有严重漆面脱落，批烫层呈粉沙化的，需要把漆层和整个批烫层铲除，直至见到水泥批烫层或者砖层，然后将双飞粉和熟胶粉调拌，打底批平，再涂饰乳胶漆。

面层需涂2~3遍，每遍之间的间隔时间以24小时为佳。需要注意的是，很多工业涂料都有或多或少的毒性，施工时要注意通风，施工一周后方能入住，以免危害家人的健康。

黑胡桃木装饰线

有色乳胶漆

米白色玻化砖

印花壁纸

木质搁板

肌理壁纸

印花壁纸

深啡网纹大理石装饰线

银镜装饰线

白枫木装饰线

肌理壁纸

木质踢脚线

有色乳胶漆　白枫木装饰线

有色乳胶漆

米色大理石

肌理壁纸

雕花烤漆玻璃

布艺装饰硬包

条纹壁纸

印花壁纸

水曲柳饰面板

胡桃木饰面板

白枫木装饰线

白枫木装饰线

皮革软包

有色乳胶漆

装饰银镜

木质搁板

陶瓷锦砖

如何处理沙发墙涂层开裂、脱落

涂层早期若出现像头发丝一样的裂纹，在后期就会出现片状剥落，这大多是因为使用了附着力和柔韧性很差的涂料或者过分稀释、多层覆盖涂料，墙面或基层表面预处理不充分，涂膜老化后过度硬化和脆化等原因造成的。

解决方法：应用刮刀或钢丝刷除去已松动和剥离的涂料，打磨表面并修边。如果剥落发生在多道涂层上，必要时使用耐水腻子，在重涂前要先上封闭底漆。使用优质的底漆和面漆能防止这类问题的复发，不要用水过度稀释涂料。

白色乳胶漆

石膏板造型

石膏板浮雕

泰柚木饰面板

有色乳胶漆

印花壁纸

印花壁纸　黑胡桃木饰面板

羊毛地毯　白枫木饰面板

有色乳胶漆

白枫木装饰线

雕花烤漆玻璃

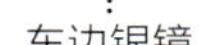

车边银镜

黑胡桃木饰面板

有色乳胶漆

有色乳胶漆

米色玻化砖